JN016405

AI時代を生き抜く 1

プログラミング的思考が身につくシリーズ

AI〈人工知能〉のきほん

土屋誠司 著

はじめに

この本では、人工知能（＝ＡＩ）のくわしい技術や手法を学ぶというだけではなく、人工知能と言われているものの本質を知って、みなさんに考えてもらおうと思っています。

今後、人工知能は私たちの生活になくてはならないものとして普及し、共に暮らしていくことになるでしょう。そのとき、友だちのことを何も知らないと仲良くなれないのと同じように、人工知能のことを知らないと一緒に生活することは難しくなります。「人工知能は怖い」とか「人工知能が人間の生活をおびやかす」といった話を聞くことがありますが、そんなことは決してありません。それは、人工知能のことを知らないからなのです。

また、人工知能のことを理解するためには、実は「人間って何だろう？」ということを考えなければなりません。普段は『人間』について考えることはほとんどないと思いますが、人工知能の出発点は私たち人間自身なのです。

人工知能のことを知り、理解して、うまくつきあっていけるようになりましょう。また、興味がわいたら、人工知能の開発者になることを目指すのもいいですね。そして、人間とはどうあるべきか、人類の未来をどうすべきかを考えられる人になってください。

もくじ

1

AIとその歴史

『人工知能』という言葉を最近よく聞くと思いますが、人工知能とはどういうものか説明できますか？　英語の『Artificial（人工的な）Intelligence（知能）』の頭文字をとって『AI』と呼ぶこともあります。その名の通り、「人工的に作り出した知能」ということなのですが、もう少し簡単に言うと「賢いコンピュータ」となるでしょうか。実は、人工知能の専門家ですら『人工知能』を正確に説明できないのです。

「えー！　それじゃ、ダメじゃないか」と思ったはずです。では、「色とは何か」を説明できるでしょうか？　「赤色とは何か」を説明できますか？「目で感じることができるもので、トマトが赤色」と答えるかもしれませんが、本当でしょうか？　本当にみなさんが見ているものとまったく同じものを友だちやお母さん、お父さんは見ているのでしょうか。実はそれは誰にもわかりません。みなさんが見ている赤色は、私が見ている青色かもしれません。世の中にはこのように実はよくわからないものがたくさんあります。きっちり説明できない、なんだかふんわりしているけれどもみんなが同じように思っているものもあります。それを『概念』と呼びます。

話がだいぶそれましたが、『人工知能』もある種の『概念』です。お父さんも、お母さんも、専門家も、実はふんわりとしか理解していないのです。

しかも、便利だということはわかっているのだけれど、どう動いていて、何をしているのかははっきりとわかっていないので、たまに、「人工知能は怖い」とか、「人工知能のせいで人間の生活がおびやかされている」など、物騒な話をする人がいます。でも怖がらないでください。みなさんは、この本をしっかり読んで、理解して、そして、考えてください。きっと人工知能が怖いなんて思わないはずです。

『人工知能』という概念は1956年の『ダートマス会議』という、偉い人が集まって人類の問題をコンピュータで解決する方法などについて考えるところで生まれました。ちなみに、コンピュータは1946年に初めて作られています。その当時は、今のパソコンやスマートフォンのようになんでもでき

◀世界初のコンピュータといわれるENIAC（エニアック）。アメリカのペンシルバニア大学で開発された電子計算機で、大砲の弾道計算に用いられた。計算方法を変えるには、配線を手作業でつなぎなおす必要があった。

る機械ではなく、非常に単純なことしかできませんでした。例えば、今でいう電卓ぐらいのことしかできませんでした。その電卓を見て、「これを使えば人工知能が作れる」と考えた人がいたのです。偉い人ってやっぱりすごいですよね。

1960年代から1970年代に1回目の人工知能ブームがありました。そのころには、コンピュータも進化していてずいぶん複雑な計算ができるようになっていました。人間が計算するよりも早く、正確に答えを見つけることができたのです。また、ある程度の知識をコンピュータに教えてあげると、それらをつなぎ合わせていろいろな答えを出せるようになりました。例えば、「ハトは鳥である」と「鳥は飛ぶ」ということをコンピュータに教えてあげると、「ハトは飛ぶ」という、教えてはいないけれど正しくて新しい知識を自分で見つけることができました。これを見て、「人間の代わりができる人工知能ができる」と騒いだのでした。

しかし、うまくは行きませんでした。単純なつながりを見つけたり、簡単なゲームぐらいはできたのですが、それしかできなかったのです。実際に人間の役に立つようなもっと複雑なことはできなかったのです。

でも、研究者はあきらめませんでした。それから10年経ち、1980年代から1990年代には2回目の人工知能ブームが来たのです。今度は、たくさんの知識をその分野の専門の人にお願いして用意してもらいました。そして、お医者さんに病気のことをいっぱいコンピュータに教えてもらいました。すると、お医者さんの代わりに、コンピュータが病気の診断をできるようになりました。また、いろいろな物事を分けることもできるようにもなりました。例えば、キュウリとトマトは「野菜」、ミカンとバナナは「果物」と教えてあげると、リンゴという知らないものでもその特徴を判断して、果物の仲間だとわかるようになりました。これはすごいですよね。なんだか人間の代わりをしてくれる気がします。実際、このような技術を使ったエアコンや掃除機などの家電が多く発売されました。

総務省「ICTの進化が雇用と働き方に及ぼす影響に関する調査研究」（平成28年）をもとに作成

でもやっぱりうまく行きませんでした。なぜなら、たくさんの知識をコンピュータに教えてあげるのが大変だったのです。また、そんなにいっぱい覚えることができるコンピュータもなかったのです。

もう人工知能を作るのは無理だと思われましたが、研究者たちはあきらめませんでした。2000年代から今も続いている3回目の人工知能ブームをまたまた起こしたのです。あきらめなければきっと道は開けるのです。太陽はまた昇るのです。今回は、「教えるのが大変だったら、コンピュータに自分で勝手に勉強してもらおう」ということになりました。例えば、インターネットにはたくさんの情報がありますので、それを勝手に集めてきて、勝手に勉強して、勝手に賢くなってもらう。すると、どうなったのか。みなさんの家にもあるかもしれません。お掃除ロボットや自動運転の車、しゃべってくれるスピーカーなどができたのです。便利ですよね。

このように、時代と共に人工知能はどんどん進化してきました。逆に見てみると、今は人工知能というふうに感じないけれど、昔は人工知能と言われていたものもあります。例えば、自動ドア。「人が来た」と判断すると扉が

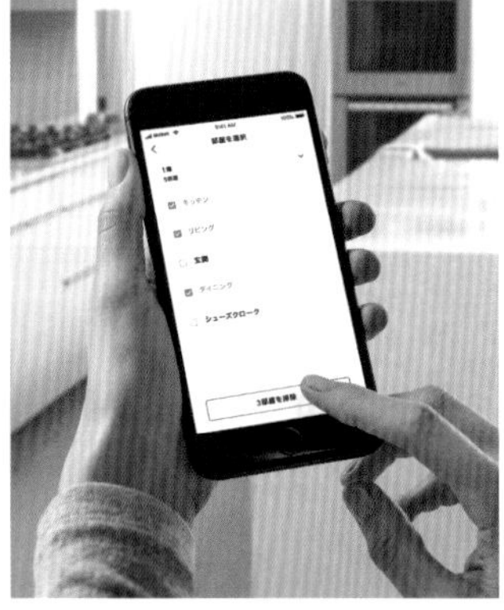

◀ロボット掃除機の「ルンバ」は、部屋の間取りをおぼえて最適なルートで効率的に掃除をしてくれる。スマートフォンを使って外出先から操作できるほか、スマートスピーカーの音声操作にも対応している（写真：アイロボット提供）

AIとその歴史

▲人間が話す声でさまざまなことができるスマートスピーカー。質問に答えたり、音楽や動画を再生したり、家電を操作したりできる

自動で開き、人が通ったあとにちゃんと閉まります。私たちが今見ても、これを人工知能と呼ぶのはなかなか難しいかもしれません。でも、江戸時代の人が見たらどうでしょう。ごくごく普通の自動ドアもすごく立派な人工知能に見えるでしょう。人工知能と感じるのか感じないのかは、それを使う人間にかかっています。人工知能という言葉も概念も作ったのは人間ですが、それを感じるのもまた人間なのです。

調べて、考えて、まとめてみよう！

- ◆ 身の回りで『人工知能』と言えるものはどれかな？
- ◆ なぜそれが『人工知能』と言えるのかな？
- ◆ 見つけたものを種類ごとに分けてみよう。

2

人間とAIの関係

人間は、自分たちの生活が安心、安全に、また便利に、豊かになるようにいろんな道具をこれまで作ってきました。

人類初めての大発明は、紀元前の『車輪』です。円形のものを転がして物を移動させるという発想は、今では当たり前ですが、当時はそれはそれは素晴らしい発明だったのです。

その後、青銅や鉄、活版印刷などを発明し、1780年ごろに蒸気機関の開発による『第一次産業革命』が起こります。人間の力よりも大きな力を出すことができる『機械化』が始まるのです。その力を利用して、工場や鉄道、内燃機関などが生み出され、さらに約100年後の1870年ごろには『第二次産業革命』が起こります。ここでは、今ではなくてはならないものである電気を使った仕組みが生まれ、『電化』が進みます。

そして、飛行機や自動車などが登場し、大量生産の時代を迎えた約100年後の1970年ごろに『第三次産業革命』が起こり、『自動化』の波がやってきます。

そして現在。実は2020年ごろから『第四次産業革命』が起こると言われています。まさに今、みなさんはそんな時代を生きています。インターネットや5Gと言われている高速無線通信技術、それらを使っていろいろなものをインターネットにつなげるIoT（Internet of Things）などが私たちの生活を変えていくでしょう。もちろん、人工知能もその一つです。ようやく、人工知能を実現できる技術がそろいつつあります。

産業革命の歴史

1780年ごろ〜	第一次産業革命	●蒸気／機械化
1870年ごろ〜	第二次産業革命	●電力／大量生産
1970年ごろ〜	第三次産業革命	●コンピュータ／自動化
2020年ごろ〜	第四次産業革命	●AI？ IoT？ ロボット？ ビッグデータ？

産業構造が劇的に変わる!?

人間には限界があります。けがはしたくないですし、いつかはみんな寿命がきて死んでしまいます。ご飯を食べないと生きていけないですし、睡眠もしっかりとって休憩も必要です。仕事や勉強をするだけでなく、遊びも大事です。もっともっとしたいこと、しなければならないことがあります。では、どうすればよいのか？　代わりにしてくれる人はいないのか？　人に代わってもらったら、その人はどうするのか？　そこで、人ではなく、自分たちが大変なこと、つらいこと、難しいこと、したくないことを助けてくれる人工知能を作ろうということになったのです。

人工知能は、人間を助けてくれます。いや、助けてくれるように人間が作っています。例えば、わからないことがあったとき、パソコンやスマホ、スマートスピーカーなどに聞くと、あっという間に答えを教えてくれます。昔は、インターネットがなかったので、図書館でたくさんの本の中から答えがありそうな本を見つけて、いっぱい読んで調べなければ、答えを見つけることはできませんでした。

最近では、コンピュータをずっと使っていると、いちいち聞いたりしなくても、その人の好き嫌いを勝手にコンピュータが学習してくれて、好きそうなものをおすすめしてくれる機能もあります。

人と一緒に働くロボットもあります。重い荷物を運んだり、人がミスをしそうになるとロボットがそっと寄りそって助けてくれたりします。

耳が聞こえなかったり、目が見えなかったり、手や足をうまく使うことができなかったりする人がいます。こうした体が不自由な人にとっては、人工知能はありがたい存在です。耳が聞こえなかったら、声を文字に変えてくれたり、目が見えなかったら文字や絵、映像を声で説明してくれたりします。手が不自由であれば、自分の代わりに字を書いてくれるロボットや、足が不自由であれば、自動で目的地に連れて行ってくれる車いすなどを作ることもできます。さらに、自分の手や足の代わりになる義手や義足も、昔はただ、同じような形をしているだけでした。しかし最近では、その人の思いを読み取って自由に動かすことができるものまであります。頭の中で考えただけで、いろいろなものを操作することもできるようになっています。

人工知能は「道具」ですが、鉛筆やノートのように人が実際に使うだけの道具ではなく、人間の体に組み込まれ、人間のできることを広げ、増やしてくれるものとしてこれから進化していくと言われています。みなさんの中にはメガネやコンタクトレンズを使っている人も多いと思いますが、メガネやコンタクトレンズに文字や映像が出てきて、見ることができるようになったら、今とは違う、いろんなことができるようになると思いませんか？

2

人間と AI の関係

アメリカのアイオロス社が開発した「アイオロス・ロボット」はＡＩを搭載した自律型の介護支援ロボットだ。高齢者介護施設や病院、ホテルやレストラン、空港や工場など、いろいろな場所で活躍することができる（写真：丸文株式会社提供）

探究学習

調べて、考えて、まとめてみよう！

- ◆ 人工知能にしてほしいことは何かな？
- ◆ なぜそれを人工知能にやってほしいのかな？
- ◆ 人工知能が人間の代わりにやることで何か問題は起きないかな？
- ◆ 問題が起きる理由、起きない理由をまとめてみよう。

3

AIのはたらき〔1〕
知識――データを集める

人工知能もいろいろなことを知っていないと、つまり『知識』がないと役に立ちません。みなさんもたくさんの失敗や成功などの経験をして、考え、いろんなことを覚えますよね。人工知能も同じです。

人間は、頭の中にある脳でいろんなことを記憶していきますが、人工知能は『ハードディスク』や『SSD（Solid State Drive）』『メモリ』などの『記憶装置』と呼ばれるところに『データベース』というものを作って知識を登録していきます。人間の場合は、自分が経験したことの中から重要だと思うものを中心に覚えていきますが、人工知能は、人間から与えられた知識

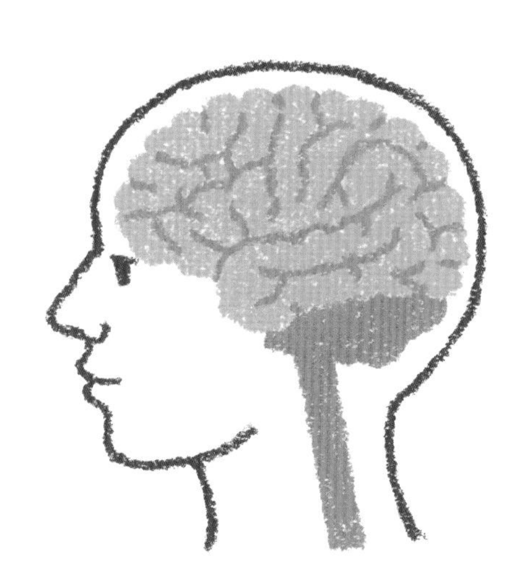

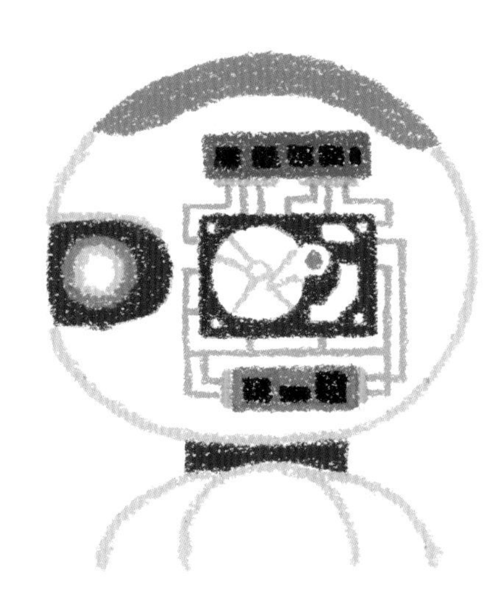

やすでにインターネット上にあるさまざまなものをデータベースに登録していきます。知識となるものをデータベースに登録しますので、特にこれらを『知識ベース』と呼びます。

でも、ここに大きな問題があります。例えば、インターネット上にはたくさんの情報がありますが、その中には本当のこともウソのことも混じっています。それらをすべて知識ベースに登録してしまうと、間違ったことも覚えてしまうことになります。すると、何が本当のことなのかがわからなくなってしまって、いざ人工知能を使おうとすると、間違ったことをされてしまうかもしれません。これでは困りますよね。

この問題は、人工知能が悪いのではなく、そもそも人間が間違ってしまうことが原因です。本当のことや正しいことだけをインターネットを使って発信していれば、決してこのような問題は起こりません。

わざとウソの情報を流すようなことは決してやってはいけないのは当然ですが、自分の知らない間に間違ったことを発信してしまうことがあるかもしれません。世の中にある情報の中には、本当の話のようなふりをしたウソの情報もまぎれていることを決して忘れないでください。ある情報を見つけたとき、その情報が本当なのかをしっかり調べて、偽物の情報にひっかからないようにしましょう。

こうした問題があるため、ある分野の専門家（エキスパート）に本当のことだけを選んで教えてもらって、正しいことだけをデータベースに登録する方法があります。これを『エキスパートシステム』と呼びます。

エキスパートシステムは1970年代に開発され、お医者さんの代わりに診断をしてくれる人工知能や、飛行機の運転を自動でやってくれる人工知能などが作られました。これらは人間と同じぐらいの能力があったと言われています。間違った情報が入っていると使えませんが、正しい知識だけが入っている人工知能はすごい力を発揮するのです。

ある分野の専門家やプロと聞くと、ものすごく偉い人を思い浮かべるかも

▲現代の航空機のコックピットの様子。操縦は自動操縦（オートパイロット）が用いられるのが一般的で、数ある乗り物の中でもっとも自動化が進んでいると言える

しれませんが､実はそうとも限りません。実はみなさんも立派な専門家です。「えっ、何の専門家？」と思ったかもしれませんね。例えば、みなさんは「子ども」の専門家です。お父さんやお母さんはもう子どもではありませんから「子どものプロ」ではありません。みなさんでなければわからないこと、気づかないことが実はたくさんあるのです。

私たちの頭の中にはたくさんの知識が入っていますが、どんな形で、どう分類して、どう整理して入っているのかは、いまだにわかっていません。一方、人工知能のデータベース（知識ベース）には、例えば「○○だったら××をする」というように、知っておいてほしいことが整理されて登録されています。このような形で表現した知識のことを『If-Then ルール』や『プロダクションルール』と呼びます。『If』は「もし」､『Then』は「そうだったら」という意味で､「そうじゃなかったら」という場合は『Else』を使って「If ○○ Then ×× Else △△」となります。

この『If-Then ルール』をたくさん登録することで、人工知能はどんどん賢くなっていくのです。

AI のはたらき〔1〕知識――データを集める

「赤信号」だったら「止まる」

調べて、考えて、まとめてみよう！

◆ 自分が知っていること（例：○○は××である）や自分だけのルール（例：○○は××する）を書き出してみよう。

◆ 書き出した自分の知識を「○○だったら××（そうじゃなかったら△△）」というように人工知能に教えられる形に変えてみよう。

4

AIのはたらき〔2〕
推論――知識をつなげる

賢くなるためには、ただ単にたくさんの知識を覚えるだけではいけません。確かに、たくさんの知識を覚えるだけでも賢くはなりますが、たかが知れています。もっともっと賢くなるためには、覚えた知識を使って、それらをつなぎ合わせて、新しい知識を作り出すことが重要になります。

このように、知っている知識を組み合わせて新しい知識を作り出すことを『推論』と呼びます。つまり『知識』だけではなく、その知識を使いこなすための『知恵』も大事なのです。この『推論』は、第一次人工知能ブームのときに注目された技術です。

人工知能の『知識』は、基本的に『If-Then ルール』として「○○だったら××」という形で登録されています。例えば、「ハトは鳥」という知識と「鳥は飛ぶ」という知識があったとします。何もしなければ、知っていることはこの2つだけです。でも、この2つをよく見てください。両方に「鳥」という言葉が入っていますよね。2つの知識を並べて書いてみると「ハトは鳥、鳥は飛ぶ」となります。「ハトは鳥で鳥は飛ぶ」ということは、真ん中の「鳥」を省くと「ハトは飛ぶ」となりませんか？

これで、今まで知らなかった「ハトは飛ぶ」という知識を新しく知ることができました。このように、知識と知識の間にある同じ部分をつなぎ合わせ

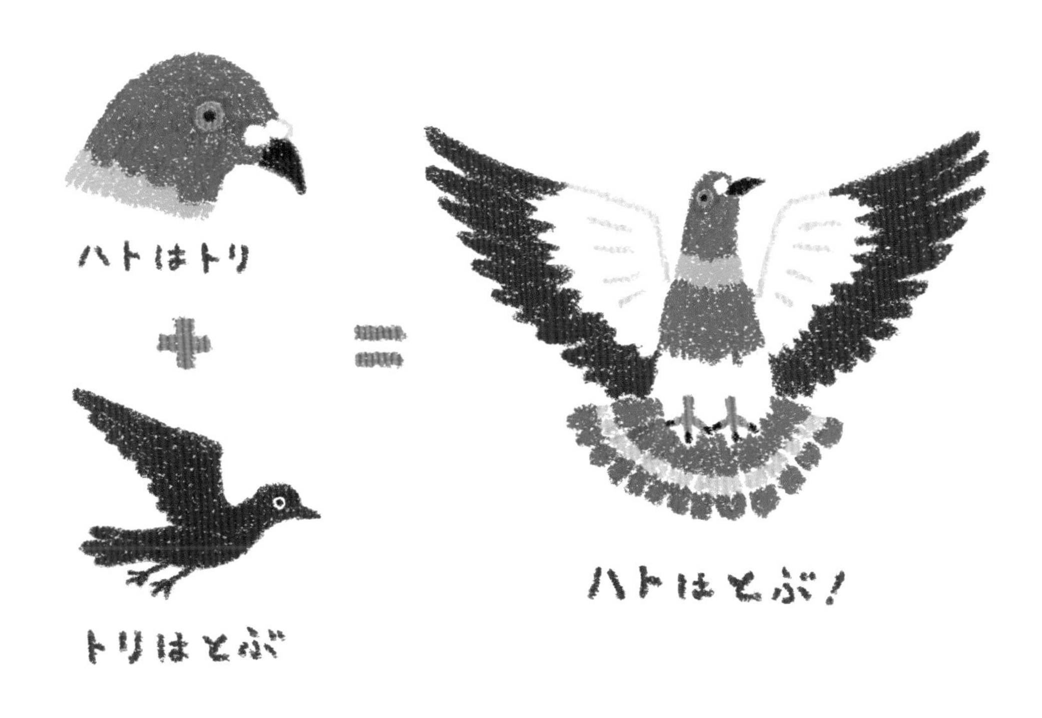

て新しい知識を作り出すことを『演繹推論』と呼びます。

別の方法もあります。例えば、「ハトは鳥で飛ぶ」という知識と「カラスも鳥で飛ぶ」という２つの知識があったとしましょう。この場合は、並べてみても「ハトは鳥で飛ぶ、カラスも鳥で飛ぶ」にしかならず、真ん中に同じ部分がないので省略することができません。でもよく見てみると、両方の知識の後ろ側にはどちらも「鳥で飛ぶ」と書いてあります。意味としては「鳥というものは飛ぶんだ」ということがわかります。

つまり「鳥は飛ぶ」という新しい知識を手に入れることができました。このように、共通している部分（一般論）を取り出して新しい知識を作り出すことを『帰納推論』と呼びます。

この『演繹推論』と『帰納推論』というやり方は非常に重要で、人工知能だけでなく、私たち人間が物事を考える方法としても頻繁に利用しています。あまり意識したことはないかもしれませんが、みなさんも『演繹推論』や『帰納推論』を知らず知らずのうちにやっているのです。

『演繹推論』では「ハトは鳥」と「鳥は飛ぶ」から「ハトは飛ぶ」を作り

出しましたが、さらに「飛ぶと浮く」「浮くと沈まない」「沈まないのは船」などの知識があった場合、これらのすべてをつないで共通部分を省いていくと、なんと「ハトは船」ということになってしまいます。それぞれの知識は正しいのだけれど、それらをどんどんつないでいくととんでもない間違った知識を作り出してしまうことがあります。

また、『帰納推論』では、「ハトは鳥で飛ぶ」と「カラスも鳥で飛ぶ」の同じ部分を取り出して「鳥は飛ぶ」という知識を手に入れましたが、よく考えてみるとこの知識は正しいでしょうか？　例えば、ペンギンも鳥ですし、ダチョウも鳥ですが、ペンギンもダチョウも飛びません。この方法は、大きくとらえると多くのものに共通していることがわかるというやり方です。ですので、必ずしも100パーセント正しい知識が手に入るとは限らず、ちょっとした例外が出てくることがあります。

『演繹推論』や『帰納推論』は便利ではありますが、よいことだけではなく、使い方に気をつけないと間違った知識を作り出してしまうことがあるのです。それぞれのやり方を理解して、よいところや注意しないといけないことをしっかり考えながら使いましょう。

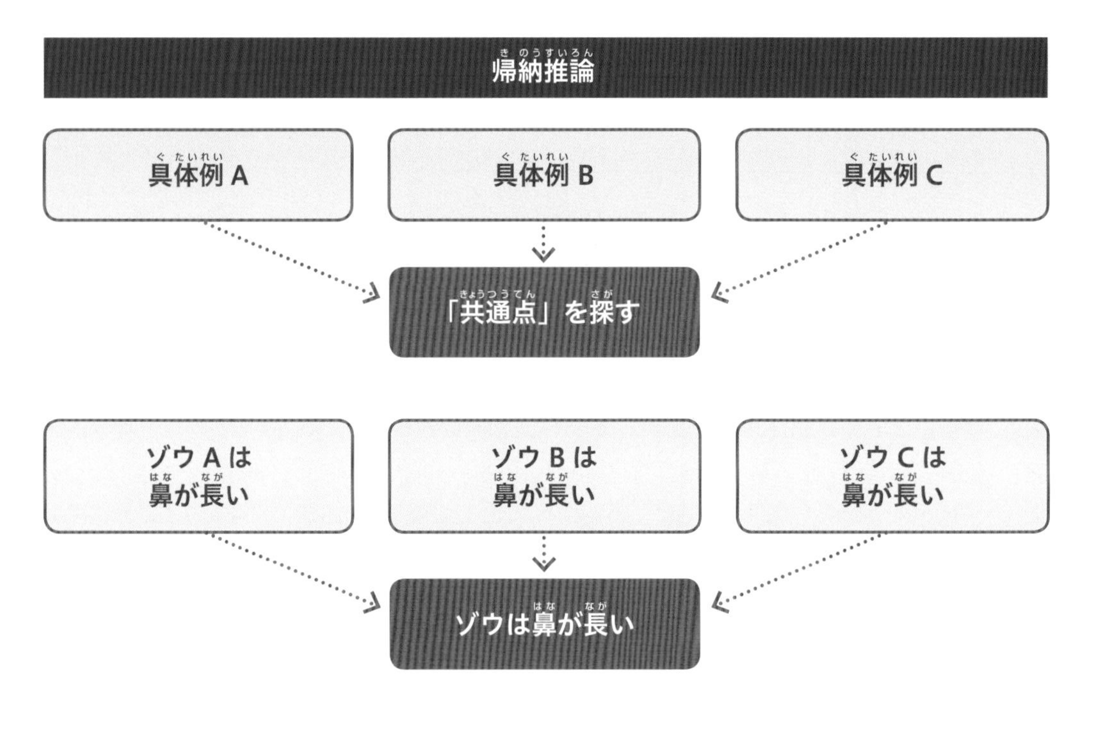

4

AIのはたらき〔2〕推論——知識をつなげる

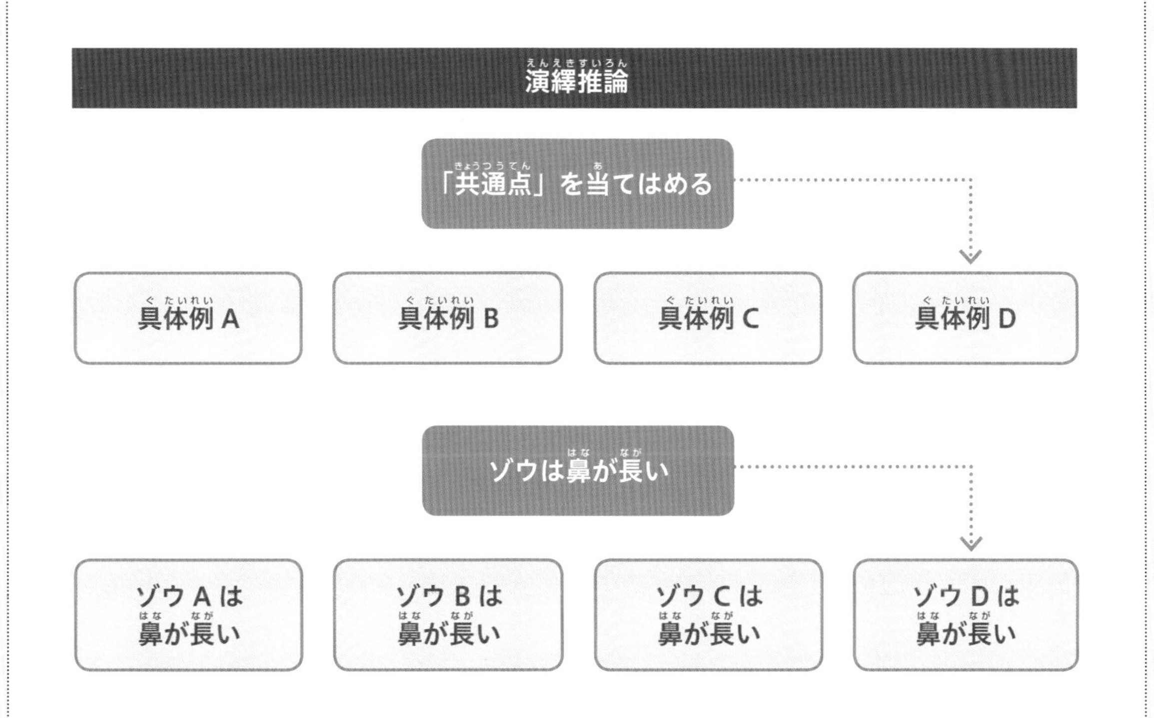

調べて、考えて、まとめてみよう！

◆ 人工知能に教えられる形に変えた自分の知識「○○だったら××」を使って『演繹推論』をしてみよう。どんな新しい知識が出てきたかな？

◆ わざとやってはいけない使い方をして『演繹推論』をやってみよう。どんな間違った知識が出てきてしまったかな？

◆ 人工知能に教えた自分の知識「○○だったら××」を使って『帰納推論』をしてみよう。どんな一般的な知識が出てきたかな？

◆ 出てきた一般的な知識には、どんな例外があるか挙げてみよう。

5

AIのはたらき〔3〕探索――答えを見つける

もう一つ、第一次人工知能ブームのときに注目された技術があります。それが『探索』です。たくさんの物事の中から答えを見つけるための方法です。

答えを見つける方法には、いろいろなものがあります。みなさんも探すものや探す場所によって探し方を変えていませんか？　例えば、机の引き出しの中に大事にしまっておいた宝物がなくなったとき、はたまた、公園で遊んでいて家の鍵をなくしたとき、みなさんはどこをどうやって探しますか？

横型探索

宝物の場合は、机にしまっておいたはずなので、ひとまず机の引き出しを調べて、なかったら別の引き出し、それでもなかったら同じ部屋の本棚…というふうに探しませんか？　また、鍵の場合は、公園のどこで落としたのかがわからないので、とりあえずバタバタ走り回ってザーッと見て回って、それでもなかったら、砂場とかすべり台とか一つひとつの場所をくわしく見ていくという探し方をしませんか？

人工知能でも、まずは広くザーっと調べて、徐々によりくわしく調べていって答えを見つけるという方法があります。これを『横型探索』や「幅優先探索」と呼びます。

また逆に、一つのことをくわしく、さらによりくわしく調べて、答えが見つからなかったら別のことをまたくわしく調べていくという方法があります。これを先ほどの「横」や「幅」に対応させて『縦型探索』や「深さ優先探索」と呼びます。

縦型探索

また、『横型探索』や『縦型探索』とは別の探索方法もあります。私たちは、いろいろなことを経験すると、次の機会から「多分、こっちに答えがあるんじゃないか」と考えることができるようになりますよね。人工知能も同じように、答えがありそうなところを予想しながら探すことができます。このような探索方法を『発見的探索』や『予測駆動型』と呼びます。答えがないと思うところは後回しにして、答えがありそうなところを中心に先に探すというのは効率がよくて賢い方法です。

『発見的探索』の面白い方法として『GA（Genetic Algorithms）：遺伝的アルゴリズム』というものがあります。『アルゴリズム』とは正解を見つけるための決まったやり方、『遺伝』は、親から子どもへ特徴が引き継がれていくことです。

この『遺伝』の仕組みをコンピュータで行うのが『GA』です。初めは、答えがまったくわからないのだけれど、答えがありそうな方へちょっと変えて、またちょっと変えてをどんどん繰り返していくと、いつか適切なもの、

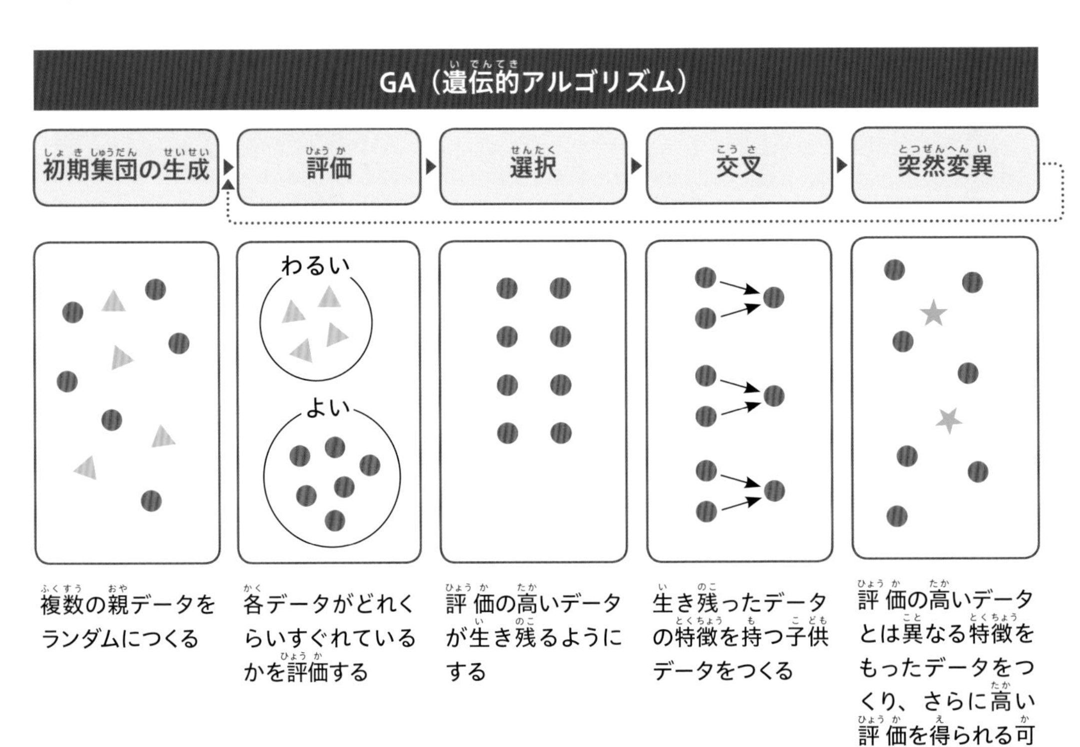

つまり答えが見つかるという方法です。コンピュータと生物の話はまったく関係がないように思うかもしれませんが、実はそんなことはありません。賢いコンピュータを作ろうとすると、身の回りにある賢いものを参考にするのが一番です。この『GA』という方法は、生物の賢さをまねした方法ということなのです。

それから、答えを探すことと関連して、その答えが本当に正しいのかどうかを確かめるということも大事です。算数で答えがわかったら、「やったー！」と答えを書いて終わりという人は多いと思いますが、ちょっと危険です。だって、人間はすぐに間違ってしまうのですから。そうです、出てきた答えが間違っていないのか、もう一度確認する必要がありますよね。これを『検算』と言います。

人工知能でも、すでにわかっている答えを『検算』するという技術があります。先の『発見的探索』では、答えを予想しながら答えを見つけるので『予測駆動型』という別名がありましたが、これの逆、つまり答えがすでにある、答えありきで動くので『データ駆動型』と呼びます。

探究学習
たんきゅうがくしゅう

調べて、考えて、まとめてみよう！

◆ 自分が興味のあるもの、面白いと思うもの、好きなものを1つ選んで、それについて『横型探索』していろいろな情報を見つけて、まとめてみよう。

◆ 見つけた情報の中で特に興味があったものについて『縦型探索』をして、より詳しく調べて、まとめてみよう。

6

AIのはたらき［4］

分類──物事を分ける

第二次人工知能ブームでは、種類や特徴が似ているものを同じグループに分けて整理する『分類』という技術が注目されました。

「そんなこと簡単じゃないか」と思うかもしれませんが、分類するというのは非常に奥が深いものなのです。例えば、野菜と果物を使って考えてみましょう。キャベツは野菜、バナナは果物ですよね。ではスイカは？　レモンはどうでしょう？　スイカは甘い食べ物で、果物屋さんで売っていますが、実際には野菜のウリと同じ仲間です。また、レモンは八百屋さんで売っていますが、ミカンと同じ仲間の果物です。

では、キャベツ、バナナ、スイカ、レモンを分けるとき、野菜と果物という分け方以外に方法はないでしょうか？　色や形、大きさなど、いろいろな特徴から分けることができそうですよね。

では、今度は色で分けてみましょう。バナナとレモンは黄色、キャベツとスイカは緑っぽい色というように分けることができそうですね。でもよく考えてみてください。スイカは切ると赤だったり黄色だったりしますが、さっきの分け方でいいでしょうか？　ほら、実際にやってみるとわかりますが、物事の似ている部分を見つけること、それを使って分けることはとても難しい問題なのです。

そこで、人工知能の登場です。人間にはちょっと難しい「分ける」という作業を人工知能に代わりにしてもらって、自動的に『分類』してもらおうということになったのです。『分類』する方法としては、『クラスタリング』や『SVM（Support Vector Machine）』などがあります。

『クラスタリング』にはさまざまな方法がありますが、基本的には、あるモノと他のモノとの距離を測り、近いモノは同じグループに分けるということをします。

コンピュータでは、数字や文字、写真や動画、音声などを扱うことができますが、実はコンピュータの中では、文字も、写真も、動画も、音声もぜんぶ数字でできています。例えば、「あ」という文字は「33440」という数字と対応づけられて管理されています。なぜこんなことをするのか？　それは、コンピュータが数字しか理解することができないからなのです。

コンピュータはたくさんのスイッチでできていて、「つける」と「切る」、「ON」と「OFF」という操作ができます。この「ON」と「OFF」をたくさんのスイッチをつなげて操作することで、数字を作り出すことができます。「ON」を「1」、「OFF」を「0」として、例えば「101」を「5」とすることができます。ちなみに、みなさんが算数で使っている「5」などの数字の数え方を『10 進数』と言い、「101」などのコンピュータが使っている数字の数え方を『2 進数』と言います。

それぞれの進法で数えた表

10 進法	0	1	2	3	4	5	6	7	8	9	10
2 進法	0	1	10	11	100	101	110	111	1000	1001	1010

2 進法では「0」か「1」を使って表す。2 進法の「101」は 10 進法の「5」にあたる。

このようにコンピュータは、いろいろな物事を数字で書き換えて扱います。数字になればコンピュータは強力です。それらの間の距離を測るのも朝飯前です。数字しか理解できないコンピュータでさまざまなことができてしまうのにはびっくりしますよね。

『SVM』では、まっすぐの線（直線）やまがった線（曲線）を使って物事を分けていきます。例えば、次のページの図では、上に行くほど緑で、下に行くほど赤に、右に行くほど甘く、左に行くほど甘くないことを表しています。つまり、縦方向が「色」、横方向が「甘さ」です。このような表現方法を『座標』と言います。この座標上に野菜や果物を置いていくと、次のページの図のように配置することができます。

ここで、直線や曲線を使って野菜と果物との分け目（境界線）を描くのが『SVM』のやり方です。ちなみに、直線で境界線を描く分類方法を『線形分類』、曲線で境界線を描く分類方法を『非線形分類』と呼びます。

6

AIのはたらき〔4〕分類――物事を分ける

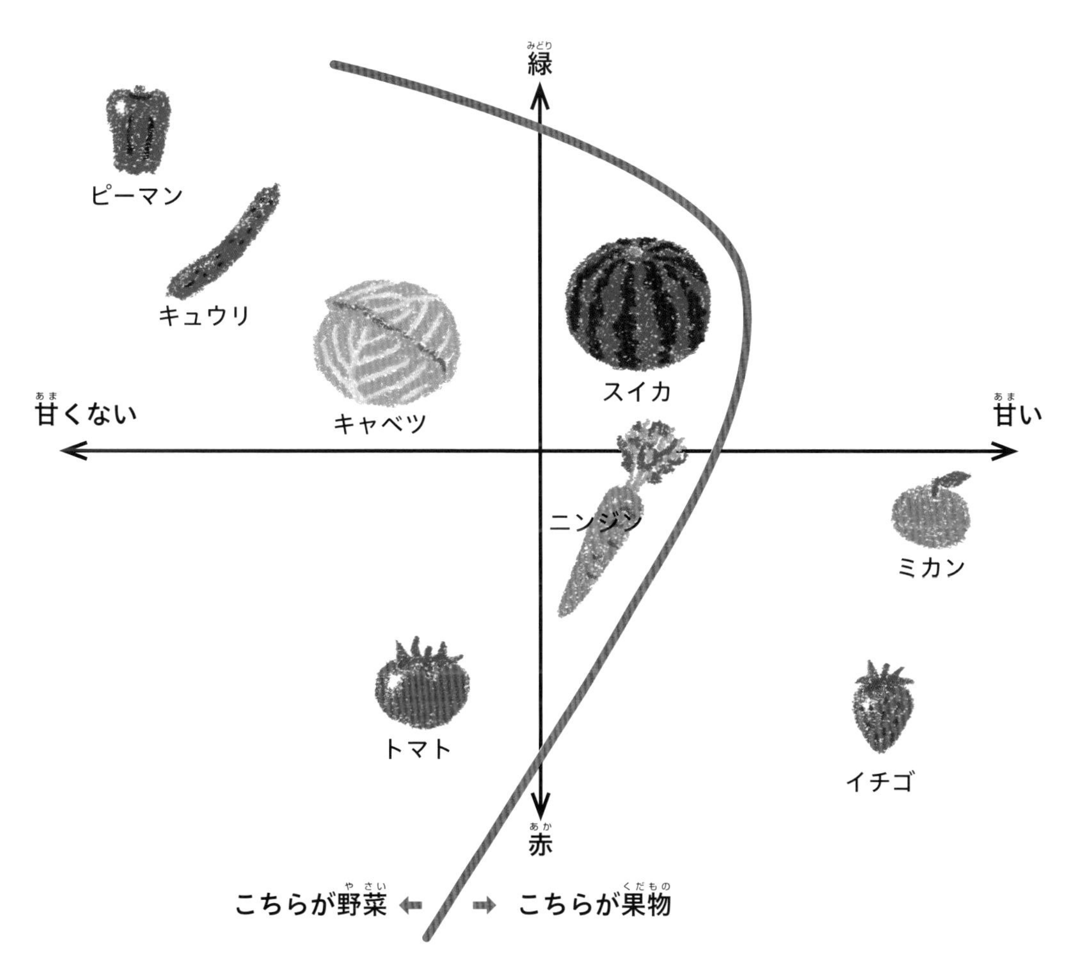

調べて、考えて、まとめてみよう！

- 自分で自由に座標を作って、そこにいろいろな物事を配置してみよう。また、座標の作り方を変えると物事の配置も変わることを確認してみよう。
- 物事を配置した座標を使って、直線や曲線でうまく境界線を描いて分類してみよう。

AIのはたらき〔5〕学習——賢くなる

第三次人工知能ブームの現在、注目されているのは、コンピュータが自動的に『学習』する機能です。

これまでの第一次、第二次人工知能ブームの際には、人工知能がうまく動くためには、人間が正しい知識をあらかじめデータベースに登録してあげる必要がありました。しかし、正しい知識をコンピュータが理解できる形に変えて、たくさん入力していくことは非常に大変です。コンピュータが代わりにこの作業をしてくれるわけではないので、すべての作業を人間がしなければならないということになります。あまり楽しい仕事ではありませんので、このような仕事をしてくれる人も少ないですし、お金も時間もかかります。どうにかしないといけません。

そこで、インターネット上に発信されている情報をたくさん集めて、それをコンピュータに登録する知識として代用しようとしました。そのためには、たくさんの知識を登録できる記憶装置や、たくさんの知識を短時間で操作できる早く動くコンピュータが必要です。しかし、ちょうどラッキーなことに、テクノロジーの進歩によってこれらの機械の値段が安くなり、簡単にそのようなコンピュータを作ることができるようになりました。このような背景もあって、今の第三次人工知能ブームが起こっています。

『学習』というと、みなさんにもなじみがあると思います。さて、みなさんはどうやって学習していますか？　学校や塾に行って先生からいろいろ教えてもらったり、家の中ではお父さんやお母さんに教えてもらったりしていますよね。それだけじゃなくて、自分で教科書や参考書を読んだり、図書館で調べたり、テレビやインターネットを見たりして勉強することもありますよね。他にも、これまであまり考えたことがないとは思いますが、２本の足でうまく歩いたり、話をすることもできていると思います。もちろん、産まれたときにはどちらもできなかったはずです。ということは、いつの間にか学習したことになります。

人間はこのように学習していきますが、では、人工知能はどのようにして『学習』するのでしょうか？　実は、みなさんと同じように『学習』します。

人間から教えてもらった正しい知識を参考にしながら、たくさんの情報を使って勉強をしていきます。人間でいうと、先生に教えてもらって勉強する方法です。人工知能の場合は、人間が入力した正しい知識が先生（教師）の

人工知能の学習方法

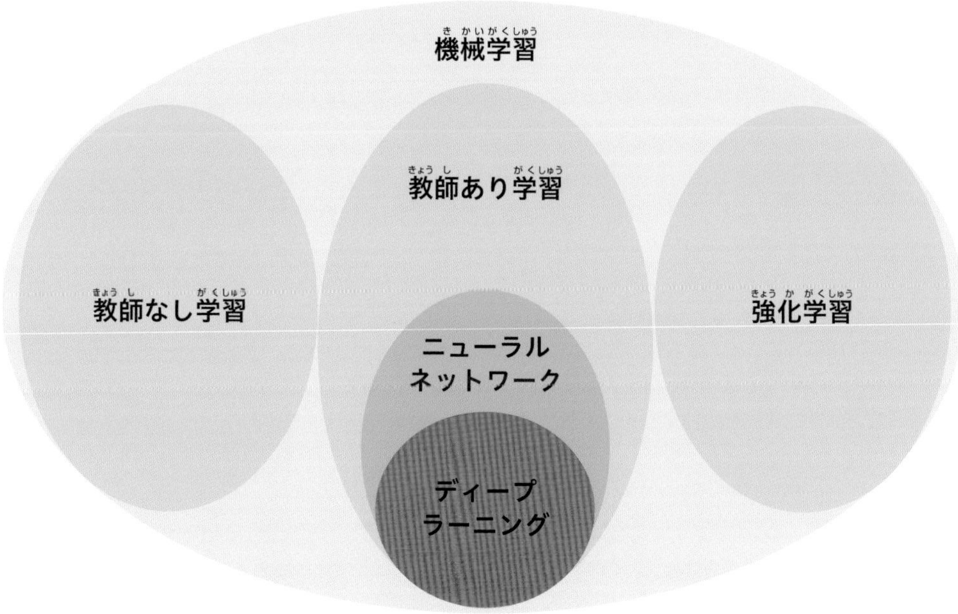

機械学習

教師なし学習

教師あり学習

強化学習

ニューラル
ネットワーク

ディープ
ラーニング

脳の仕組みから生まれた方法

脳の神経細胞のイメージ

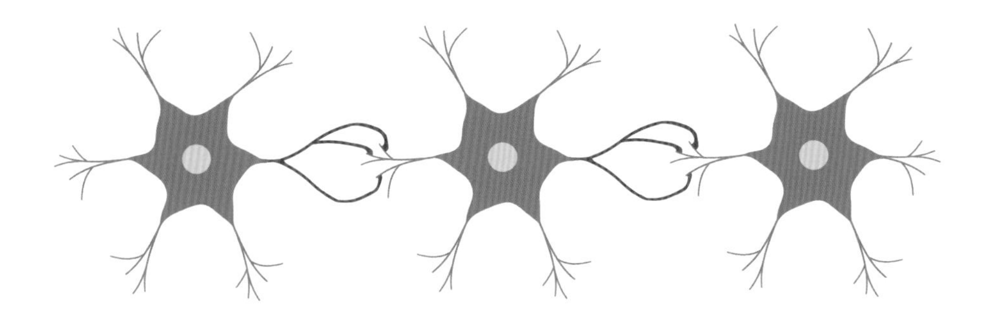

ニューラルネットワーク

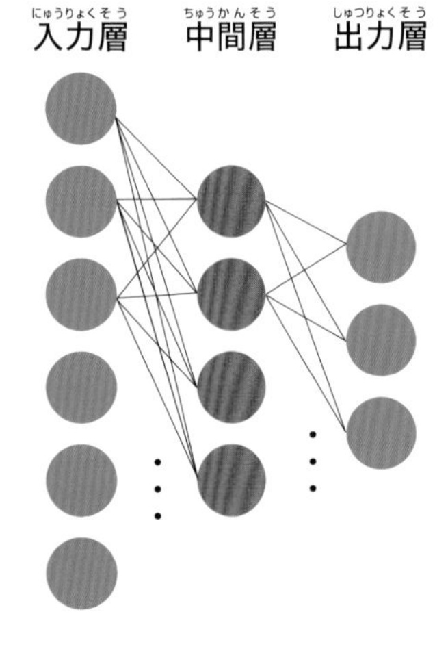

ディープラーニング

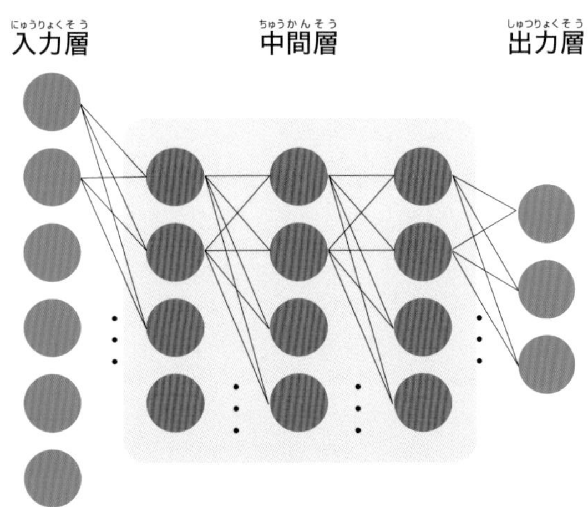

代わりになります。この学習方法を『教師あり学習』と呼びます。

この『教師あり学習』で最近注目されている方法に『ディープラーニング(Deep Learning)』というものがあります。これは人間の頭の中にある脳の情報伝達の仕組みをまねした方法で、1980年代に開発された『ニューラルネットワーク』という技術を発展させたものです。

脳の中にはたくさんの細胞があります。その1つの細胞は複雑なことはできず、「ON」か「OFF」か、つまり「1」か「0」しか出力することができません。しかし、その細胞がたくさんあると、たくさんの「ON」と「OFF」がつながって複雑なことをできるようになります。あれ？　この話はすでにこの本の中に出てきましたよね。覚えていますか？　そう！　コンピュータの中身と同じですよね。

人間の脳の中身とコンピュータの中身が同じようにできているのであれば、脳をまねしたらコンピュータも賢くなる気がしますよね。『ディープラーニング』で学習して賢くなるためには、みなさんもやっているように、たくさん正しいことを教えてもらって、それらをたくさん覚える必要があります。少ない知識でも学習することはできますが、多い方がより賢くなります。これもみなさんと同じですよね。そして、それらの知識を利用して、まだ教えてもらっていないことも正しく判断でき、正しい答えを見つけられるように、しっかり考える必要があります。

実際には、正しいと教えてもらったことを正しいと出力できるように、「ON」、「OFF」を切り替えていきます。たくさんの「ON」、「OFF」を切り替えていき、すべての物事に対して、すべて正しい出力ができるまでこの作業を繰り返します。結果として、賢くなっているということになります。

これは、みなさんも同じです。初めは何も知りませんが、いろんな人からいろんなことを教えてもらって、覚えて、考えて、自分で答えを出せるようになります。頭の中にある細胞がしっかり「ON」、「OFF」を切り替えたのです。

ただこの方法だと、先生（教師）が必ず必要になりますので、人工知能だけで自動的に学習することはできません。そこで、教えてもらった正しい知識を使うのではなく、インターネット上の情報をたくさん集めてきて、みんなの意見を参考に学習する方法があります。つまり、「みんなが言っていることややっていることは正しいのではないか」と考えて学習していく方法です。この学習方法を『教師なし学習』と呼びます。特に『ビッグデータの解析』や『データマイニング』と呼ばれることもあります。

このとき、みんながバラバラのことを言っていると、何が正しいのかがよくわかりませんので学習することはできません。しかし、多くの場合、「みんなが言う」「みんながする」というような『偏り』が起こります。この『偏り』を『統計処理』という難しい数学の考え方を使って見つけ出して学習していくのです。

それから、私たちが自然と足を使って歩いたり、しゃべったりすることができるようになるように、知らず知らずのうちに学習する方法もあります。これを『強化学習』と呼びます。

▲人工知能を搭載した卓球ロボットは、プレイヤーの特徴やボールの軌道を学習してラリーを続けることができる。近年ではディープラーニングの結果に基づき、ゆっくりした山なりのボールや速くてするどいボールを相手のレベルにあわせて打ち返すことができるようになった（写真：Katfishsan/Shutterstock.com）

AIのはたらき〔5〕学習——賢くなる

犬に「お手」を教えるのも同じです。最初は、犬は何もわからないので「お手」と言っても手を出しません。たまたま「お手」と言ったときに、犬が右手を前に出すと、飼い主はうれしくておやつをあげます。犬は大喜びです。すると今度は、おやつがほしい犬は「お手」と言われると、右手を出すようになります。

たくさんの失敗と成功をする中で、失敗したときには嫌なこと、成功したときにはうれしいことを経験します。そうすると、もっとうれしいことを経験できるように、うれしいことだけが手に入るように動いていきます。すると、自然にうまく学習ができているというものです。

調べて、考えて、まとめてみよう！

◆ 自分が好きなものを1つ選んで、そのことについてお父さんやお母さん、先生に少しだけ質問して情報をもらおう。そして、その正解を使って『教師あり学習』をしてみて、わかったことをまとめてみよう。

◆ 今度は、同じものについて、図書館やテレビ、インターネットなどを使って『教師なし学習』をしてみよう。そして、わかったことをまとめてみよう。

8

知能とは何か

人工知能は「人工的に作り出した知能」「賢いコンピュータ」と説明しましたが、その人工知能に『知能』があるとか、その人工知能は『賢い』ということをどうすれば判断できるのでしょうか？　その方法の一つに『チューリングテスト』というものがあります。コンピュータの概念を初めて理論化したアラン・チューリングという人が考えた方法です。

これは、ある人がコンピュータを使って別の人と会話をして、その話し相手が人間なのかコンピュータなのかを当てられるかという方法です。もし、コンピュータが話し相手なのに「この話し相手は人間だ」とその人が思った場合、このコンピュータは人間と同じ、つまり知能がある賢いコンピュータだと言えることになります。

しかし、このテストに合格できたからと言って、本当にそのコンピュータには知能があって賢いのでしょうか？　このテストの問題を指摘した人がいます。哲学者のジョン・サールという人です。この人は、『チューリングテスト』に合格するために、知能があるように振る舞っていても、実は知能がなく賢くないものがあるのではないかと考えました。

例えば、私のように、中国語がまったくわからない人がある部屋にいるとします。すると、その部屋に、中国語である質問が書かれた手紙がやってきます。その人は、中国語が読めませんので、もちろん質問の意味はまったくわかりません。でも、その紙には「この質問にはこのように答えましょう」ということが日本語で書かれています。その人は日本語を読むことはできますので、日本語で書かれている通りに中国語で答えを書いて部屋の外の人に渡します。

そうするとどうでしょう。部屋の外にいる中国語がわかる人は、正しい中国語の答えを手に入れることができます。つまり、部屋の外にいる人は、その部屋の中には中国語がわかる人がいるのだと勘違いすることになるという話です。この話のことを『中国語の部屋』と言い、非常に有名な話です。

この話からわかることは、中国語がわからなくてもあたかも中国語がわかるような振る舞いをさせることができるということです。つまり、知能がなくても知能があるような振る舞いをさせることはできるということになります。

これとよく似た話に『無限のサル定理』というものがあります。これは、何も考えずに適当にコンピュータのキーボードを叩いて文字を打ち込んでい

くと、いつかはどんな文章でも書き上げることができるというものです。例え話として「サルがタイプライター（コンピュータのキーボード）を永遠に、無限に叩き続けると、いつかはシェイクスピア（有名なイギリスの作家）の作品を作ってしまうかもしれない」という話です。

例えば、サイコロを振ると、１から６までの数の目のどれかが出ます。何が出るかは誰にもわかりません。普通は、サイコロを振るたびに違う数が出ます。たまに２回、３回と同じ数が出ることもありますが、単なる偶然ですよね。でも、すごい偶然が起こると 100 回連続で１の目が出るかもしれません。めったに起こりませんが、「絶対に起こらない」とは誰も言うことはできません。このような話のことを『確率論』と呼びます。

同じように、コンピュータのキーボードを何も考えずに叩くと、文字を打つことはできますが、普通は意味のない文字の羅列になってしまいます。でも、先ほどのサイコロのようにすごい偶然が起こると、その文字の並びは意味のある言葉になっているかもしれないですよね。

このように、人工知能に『知能』があるかを判断するのは難しい問題です。でも、そもそも『本当の知能』を人工知能が持つ必要はあるのでしょうか？

知能とは何か

その人工知能を使う人が『賢い』とか『知能』があると感じることができれば、それで十分ではないでしょうか？　人工知能を使うのはあくまで人間なのですから。

探究学習

調べて、考えて、まとめてみよう！

- サイコロを 30 回振ってみて、どの目が何回出たか調べてみよう。1から6の数の目が均等に出るはずなので、それぞれの目は5回ずつ出るはず。本当にそうなるかな？
- もし、そうならなかったら、60 回、90 回、120 回、150 回とサイコロを振る回数を増やしてみよう。どうなっていくかな？　調べてみよう。

9

AIは万能ではない

　これまで見てきたように、人工知能はなんでも学習して、なんでもできるすごいもので、もしかしたら人間は負けて、人間はいらなくなるのではないかと思った人もいるのではないでしょうか。実はそんなことはありません。人間をまねて作った人工知能にもちゃんと苦手なことがあります。

　その一つに、「今からやろうとしていることに関係のある物事だけを選び出す」という問題があります。これを『フレーム問題』と呼びます。

　例えば、みなさんが鉛筆でノートに文字を書くとき、鉛筆の芯が折れないように、ノートがくしゃくしゃにならないように、字を間違わないように書くと思います。でも、人工知能はそれだけではなく、ノートに書くときに使っている机は壊れないか、座っている椅子は倒れないか、そんなことまで考えてしまうのです。

　みなさんだったらありえません。知らず知らずのうちに机が壊れたり、椅子が倒れたりすることは起きないこととして、勝手に無視して考えないようしているのです。そうしないと何もできなくなってしまいます。でも、この関係ないものを関係ないと判断することは、実はコンピュータにとっては非常に難しい問題なのです。単純に何から何まで無視してしまうと、必要なことまで考えなくなってしまい、うまく動きません。

では、なぜコンピュータには難しいのか？　それは、コンピュータには『常識』がないからです。『常識』とは、誰もが知っていること、または正しいと思うことです。誰もが知っていることは辞書や教科書などにきっちり書いてあります。しかし、正しいと思うことは、だいたいみんな同じだけれど、ちょっと違っていることがあります。例えば、国や文化、宗教などによって正解が変わったりすることがあります。日本では、お米は主食として食べますが、海外ではサラダとして食べ、主食はパンだったりします。みんな同じではないため、きっちりと答えを決めてコンピュータに教えることができないのです。このようなあいまいな問題については、コンピュータは非常に弱いのです。

そのため、コンピュータや人工知能をちゃんと動かそうとすると、すべてのルールがきっちりと決まった状態にしてあげる必要があります。例外や想定外を作ってはいけないのです。このような環境のことを『閉世界』と呼びます。決められたルールですべてが出来上がっているという環境は、普通ではありえず、人間が無理やり作り出したものです。この『閉世界』で活躍す

▲ルールが決まった世界では人工知能は圧倒的な力を見せる。将棋やチェスだけでなく、これまで勝つのが難しいとされてきた囲碁でもAIは人間のトッププロから勝利を収めている（写真：AP/ アフロ）

る人工知能のことを『弱いＡＩ』や『特化型ＡＩ』と呼ぶことがあります。限られた環境で、特定のことだけをする人工知能のことで、例えば、将棋やチェスなどのゲームをする人工知能がこれにあたります。ゲームのルールは、あらかじめしっかりと決まっているので、人工知能にとってその中で動くことは非常に簡単なことなのです。

一方で、みなさんが生活している実際の環境では、毎日いろいろなことが起こり、何が起こるかは誰にもわかりません。今から起こることをすべて正確に書き出すことは決してできません。このような環境のことを『開世界』と呼びます。何が起こるかわからない、非常にあいまいな環境です。この『開世界』で自由に活躍できる人工知能のことを『強いＡＩ』や『汎用型ＡＩ』と呼ぶことがあります。例えば、人間と一緒に生活する「ドラえもん」などがこれにあたります。

8

AI は万能ではない

現在のコンピュータや人工知能では、この『開世界』のようなあいまいな環境が非常に苦手です。ドラえもんができるまでには、まだまだ時間がかかりそうですね。

AIの分け方	
「閉世界」で活躍するAI	「開世界」で活躍するAI
ルールの決まった限られた世界で動く	何が起こるかわからない実際の世界で動く
弱いAI	強いAI
特化型AI	汎用型AI
例：将棋やチェスをする人工知能	例：ドラえもん、鉄腕アトム

探究学習

たんきゅうがくしゅう

調べて、考えて、まとめてみよう！

◆ 自分が当たり前だと思っていること、当たり前にやっていることを書き出してみよう。

◆ 自分が当たり前だと思っていること、当たり前にやっていることを違う国の人はどう思うのか、どうやっているのか調べてまとめてみよう。

10

AIとのつきあい方

人工知能は、非常に便利で、強力な道具です。決して、人間のことをおびやかすものにはなりませんし、なってはいけません。ただ、安全に安心して人工知能を動かすためには、みんなが人工知能を正しく理解し、使う必要があります。包丁も便利な道具ですが、使い方を間違うと非常に危険であることと同じです。決して悪用してはいけません。

今後も人工知能はどんどん進化して、もっともっと賢くなっていくでしょう。今は、「人間のようなロボット」という言葉を聞くと、「賢い」というよ

◀今この瞬間も、さまざまなところで開発や研究が進められている。近い将来、ロボットがホテルで働いている姿を当たり前のように見る世界がやってくるはずだ（写真：アフロ）

い印象を受けると思います。逆に、「ロボットのような人間」という言葉の場合、今度は「冷たい」とか「融通が利かない」といった悪い印象を受けると思います。

でも、この受ける印象はあくまでも今現在のものです。言葉は生き物で、時代と共に意味はどんどん変化していきます。今後、このままもっと時代が進んでいくと「ロボットのような人間」という言葉は「すごい」なんていう意味になっているかもしれませんね。

人間のライバルではなく、人間をサポートしてくれるよきパートナーとして、人工知能はなくてはならないものになっていくと思います。将来的には、大変なことや人間がやりたくないことを人間の代わりに人工知能がやってくれる時代になる可能性があります。そのとき、みなさんを含めて人間は何をしているでしょうか？　そのとき、何をすべきでしょうか？　ずっと遊んでいるだけでよいのでしょうか？　これは全人類に今問われている問題だと思います。

調べて、考えて、まとめてみよう！

◆ 間違った使い方で人工知能を使わないようにするためにはどうすればよいか考えてみよう。

◆ 人工知能がすべての仕事をしてくれる時代がやって来たとき、みなさんは何をしますか？　人間は何をするべきでしょうか？

用語集／さくいん

	用語	解説	掲載ページ
あ	アルゴリズム	正解を見つけるための決まったやり方	24
	If-Then ルール（プロダクションルール）	エキスパートシステムで使う知識	16, 18
	エキスパートシステム	専門家に教えてもらった知識を使って動く人工知能	15
	SVM（Support Vector Machine）	座標に境界線を引いて分類する方法	27, 28
	演繹推論	知識間の同じ部分をつないで新しい知識を作ること	19, 21
か	開世界	何が起こるかわからない私たちが生きている環境	42, 43
	概念	はっきりと説明できないが、みんなが同じように思っていること	4, 9, 36
	記憶装置	コンピュータの知識を登録できる装置	14, 30
	帰納推論	知識の共通部分を取り出して新しい知識を作ること	19, 20
	強化学習	失敗せず、成功だけしていくように学習する方法	31, 34
	教師あり学習	人間が与えた正しい知識を参考に学習する方法	32
	教師なし学習	偏りを統計処理で見つけ、学習する方法	34
	クラスタリング	距離を測り、近いものを分類する方法	27
さ・た	GA（遺伝的アルゴリズム）	生物の進化（遺伝）をまねたアルゴリズム	24
	常識	誰もが知っていること、または正しいと思うこと	41
	ジョン・サール	アメリカの哲学者で「強いAI」「弱いAI」を定義した人	37
	線形分類	直線で境界線を描く分類方法	28
	ダートマス会議	初めて人工知能という概念が生まれたところ	5
	第一次産業革命	1780 年ごろに蒸気機関が発明された時期	10
	第三次産業革命	1970 年ごろに自動化が進んだ時期	10
	第二次産業革命	1870 年ごろに電化が進んだ時期	10
	第四次産業革命	2020 年ごろに人工知能などが進歩した時期	10
	縦型探索（深さ優先探索）	一つずつ詳しく調べていく方法	22-25
	知識	人間や人工知能が知っていたり覚えていること	6, 14-17, 18-21, 30, 31, 33

	用語	解説	掲載ページ
さ・た	知識ベース	知識を登録したデータベース	15, 16
	中国語の部屋	知能がなくても、あるように振る舞えるという考え方	37
	チューリングテスト	コンピュータに知能があることがわかる方法	36, 37
	強いAI（汎用型AI）	「開世界」のあいまいな環境で柔軟に活躍できるAI	42, 43
	ディープラーニング	脳の仕組みをまねた最新の学習方法	32, 33
	データマイニング	多くの情報から新しい知識を見つける学習方法	34
な・は	ニューラルネットワーク	脳の仕組みをまねた学習方法	31, 32
	発見的探索	答えがありそうなところを予想しながら探す方法	24
	非線形分類	曲線で境界線を描く分類方法	28
	ビッグデータ	巨大で複雑なデータの集まり	34
	フレーム問題	関係のある物事だけを選び出すときに起こる問題	40
	閉世界	すべてがルールとしてしっかり決まっている環境	41, 43
ま・や・ら	無限のサル定理	意味のあることが偶然に起こることがあるという考え方	37
	横型探索（幅優先探索）	初めは広く調べて、徐々に詳しく調べていく方法	22-25
	予測駆動型	すでに分かっている答えを検算する技術	24
	弱いAI（特化型AI）	「閉世界」の限られた環境で特定のことをするAI	42, 43

土屋誠司（つちや・せいじ）

同志社大学理工学部インテリジェント情報工学科教授、人工知能工学研究センター・センター長。2000年、同志社大学工学部知識工学科卒業。2002年、同志社大学大学院工学研究科博士前期課程修了。三洋電機株式会社（のちにパナソニック傘下）研究開発本部に勤務後、2007年、同大学院博士後期課程修了。徳島大学大学院ソシオテクノサイエンス研究部助教、同志社大学理工学部インテリジェント情報工学科准教授を経て、2017年より現職。主な研究テーマは知識・概念処理、常識・感情判断、意味解釈。著書に『はじめての自然言語処理』（森北出版）、『やさしく知りたい先端科学シリーズ6 はじめてのＡＩ』（創元社）がある。

AI時代を生き抜くプログラミング的思考が身につくシリーズ①

AI〈人工知能〉のきほん

2020年9月20日　第1版第1刷発行

著　者	土屋誠司
発行者	矢部敬一
発行所	株式会社 創元社 https://www.sogensha.co.jp/ ＜本社＞ 〒541-0047 大阪市中央区淡路町 4-3-6 Tel.06-6231-9010　Fax.06-6233-3111 ＜東京支店＞ 〒101-0051 東京都千代田区神田神保町 1-2　田辺ビル Tel.03-6811-0662
デザイン	椎名麻美
イラスト	祖敷大輔
印刷所	図書印刷 株式会社

Printed in Japan　ISBN 978-4-422-40050-1　C8355